PROCÉDÉS

ET

RÉSULTATS D'EXPÉRIENCES CURIEUSES,

CONCERNANT LA MANIÈRE DE

FAIRE ÉCLORE DES OEUFS

AU MOYEN DE LA

CHALEUR ARTIFICIELLE;

A la portée ce tout le monde et pour l'amusement de tous les instans,

PAR H. BIR,

PROPRIÉTARIE ET FABRICANT DE COUVOIRS.

Troisième édition revue et augmentée.

(EXPOSITION DE 1844, N° 3263.)

A COURBEVOIE, PRÈS PARIS,

CHEZ L'AUTEUR,

Et aux bureaux de l'administration de la Société Polytechnique,

26, rue Caumartin.

1846

EXTRAIT DU RECUEIL INDUSTRIEL,
OU DE LA SOCIÉTÉ POLYTECHNIQUE (Juillet 1845) *.

ÉCLOSION DES ŒUFS

AU MOYEN DE LA

CHALEUR ARTIFICIELLE.

L'incubation artificielle est l'art de faire éclore et d'élever en toutes saisons diverses sortes d'oiseaux de basse-cour et d'agrément, et particulièrement les poulets, sans le secours des mères couveuses. Pour bien réussir, on doit s'appliquer à l'étude des appareils.

On sait que les Egyptiens possèdent depuis long-temps le secret de faire éclore une quantité

* La *Société Polytechnique-pratique*, fondée à Paris pour satisfaire aux besoins industriels, agricoles et commerciaux, manifestés par les industriels des départements et des pays étrangers, fait exécuter sous sa responsabilité toutes les machines, instruments et outils qu'on lui demande; elle communique les procédés chimiques relatifs à divers arts, envoie sur les lieux des ingénieurs, des mécaniciens et des ouvriers pour diriger les établissements ou monter les machines qu'on lui commande, et procure les ouvrages écrits *ex professo* sur les arts et métiers. — Cette Société publie un *Recueil* qui paraît tous les mois, et qui a pour objet principal de faire connaître l'industrie des divers pays, et notamment de l'Angleterre, des Amériques, de la Prusse et de l'Allemagne. —Ce recueil renferme cinq recueils distincts : 1° Recueil industriel et des beaux-arts, 2° Agronome manufacturier, 3° Annales polytechniques, 4° Annales de statistique, et 5° le Bulletin de la Société algérienne de colonisation.—La souscription aux cinq Recueils réunis est de 30 fr. pour Paris, 36 fr. pour les départements, 42 fr. pour l'étranger. — On peut se procurer séparément les *Annales de la Société Polytechnique* pour 6, 9 et 12 fr., et aux mêmes prix les *Annales de Statistique*. Le bureau central est rue Caumartin, n° 26.

prodigieuse d'œufs dans des fours chauffés à un certain degré : ces fours s'appellent *Ma-Mals.*

Après plusieurs années d'études et d'expériences, je suis enfin parvenu à obtenir un procédé équivalent au leur, et dont le résultat est infaillible. Jaloux de contribuer au bien-être de mon pays, je mets au jour ma méthode et mes observations, persuadé qu'elles seront très utiles à un grand nombre de personnes, auxquelles elles procureront un accroissement de produits, et des délassements instructifs et amusants.

Après des essais nombreux et variés, je me suis arrêté au procédé qui m'a paru le plus simple, le plus sûr et le moins dispendieux; avec lui, chacun peut obtenir, comme moi, des poulets tous les 21 jours; et la solution de cet intéressant problème présente, outre son utilité, une série de récréations des plus instructives.

Pour plus de clarté, j'ai cru devoir diviser mon recueil en sept chapitres : dans le premier, j'indique la manière d'établir les couvoirs; dans le second, le moyen de s'en servir avec succès; dans le troisième, je donne le détail entier et curieux des opérations d'une couvée; le quatrième traite de la naissance des poulets; le cinquième, de la nourriture; le sixième, des maladies; le septième, du choix des poulets à conserver; et je termine par des extraits de correspondance, une série de questions adressées par M. le comte de Chastellux, une explication de la planche, et enfin par la copie du rapport du jury.

CHAPITRE PREMIER.

MANIÈRE D'ÉTABLIR UN COUVOIR.

Le couvoir est simplifié autant que possible, afin de le mettre à la portée de tout le monde. Il consiste en une boîte formant meuble, et susceptible, pour le riche, de recevoir tous les ornements désirables ; il est à un ou à plusieurs tiroirs (1), selon qu'on veut faire éclore une plus ou moins grande quantité d'œufs.

Des lampes spécialement fabriquées pour chauffer les appareils se trouvent placées aux côtés de la machine; elles sont à un ou plusieurs becs, selon le besoin ; elles ont la propriété de monter et descendre le long d'une tige de fer, afin de les éloigner ou de les rapprocher du réservoir, pour chercher le point de réglage ; leur service est simple et commode.

Ces becs de lampes se trouvent placés au dessous de réservoirs en zinc dans lesquels on met de l'eau ; cette eau une fois chauffée porte le calorique sur tous les œufs des tiroirs et d'une manière uniforme. — On aperçoit des trous sur les bouts saillants de l'appareil ; celui de gauche sert à donner de l'air dans le réservoir, ceux du centre reçoivent et font évaporer le peu de fumée qui vient des lampes, et celui de droite, enfin, sert à introduire l'eau dans le réservoir. La cannelle sert à retirer l'eau.

---

(1) Il y en a où les œufs sont mis au pourtour.

J'ai confectionné plusieurs grandeurs de ces couveuses pouvant faire éclore depuis 30 œufs jusqu'à 1,000. — Celles de 30 œufs ont 30 centimètres de long sur 25 centimètres de large et 40 centimètres de hauteur, en y comprenant la cage qui est dessus ; cette cage sert à élever les poulets lorsque les œufs sont éclos. — Les couveuses de 1,000 œufs ont 1 mètre de long, 60 centimètres de large et 1 mètre 40 centimètres de hauteur ; elles ont 10 tiroirs, chaque tiroir contient 100 œufs. Dans les couveuses de grandes dimensions, il y a deux cages, une dessus et une dessous. Si ces cages cependant ne se trouvaient pas en rapport avec les produits, il faudrait alors en ajouter d'autres capables de recevoir tous les élèves. J'ai déjà dit que ce meuble peut être fort élégant. Il a la forme d'une chiffonnière, et peut se placer aisément partout (1). Il y en a également de ronds.

CHAPITRE II.

MANIÈRE DE SE SERVIR AVEC SUCCÈS D'UN COUVOIR.

Pour chauffer un tiroir contenant 100 œufs, il y a une lampe à un ou deux becs. Cette lampe

---

(1) J'ai construit une grande boîte de 2 mètres de long, 70 centimètres de large, et 50 de hauteur, ayant de l'eau dans le fond et au pourtour; cette eau est échauffée par de petites lampes : 60 bouches de chaleur y sont réparties; elle reçoit un lit complet. Cet appareil, que j'appelle *clinydrotherme*, est très propre à guérir les affections rhumatismales générales et locales.

Je n'ai été guidé dans cette invention par aucune pensée de spéculation ; mon seul but a été de délivrer beaucoup de mes concitoyens d'une maladie si commune dans nos climats. L'on chauffe séparément, et à des degrés différents, chacun des compartiments : ainsi dans l'un la température peut être élevée jusqu'à 40 degrés, dans l'autre à 50, et dans le troisième jusqu'à 70 degrés, selon le désir du malade.

monte et descend, comme je l'ai dit, le long d'une tringle de fil de fer ; elle s'approche ou s'éloigne du réservoir d'eau : c'est par ce moyen qu'on obtient un réglage, qu'on vérifie cependant de loin en loin dans la journée, et principalement pendant les changements de température.

La lampe reçoit une petite mèche carrée et calibrée avec une grande précision ; elle ne fume pas et donne toujours le même feu ; néanmoins, au bout de 24 heures, il faut changer cette mèche et mettre de l'huile fraîche (*cette huile ne saurait être trop épurée*), pour éviter le charbonnage, qui amènerait infailliblement de la fumée, chose qu'il est utile d'éviter. Les mèches en question se retirent facilement au moyen d'un carrelet ou d'une aiguille emmanchée.

On apprête le tiroir en y mettant cinq centimètres de foin ou de plumes sur le devant et autant sur le derrière, on diminue d'épaisseur vers le centre, parce que, l'air arrivant par deux ouvertures et à la fois, une derrière et une devant, les œufs des bords auraient trop froid et se trouveraient dans une position moins avantageuse : c'est pourquoi l'on est obligé de les rapprocher du foyer de chaleur et d'éloigner ceux du centre, qui se trouvent échauffés non seulement par le foyer commun à tous, mais encore par le contact des œufs voisins (1).

(1) Tout couvoir d'une contenance dépassant 200 œufs sera exécuté sur commande, et la personne, en donnant ses ordres, déposera de arrhes.

S'il était possible de mettre de la plume au lieu de foin, l'incubation n'en irait que mieux, car par ce moyen l'on se rapproche davantage des lois de la nature ; cependant, je le répète, le foin ou le coton n'est pas à dédaigner, car tous les nids des poules dans les fermes ne sont pas préparés autrement qu'avec du foin.

On place au centre du tiroir et sur les œufs eux-mêmes un bon thermomètre, et enfin l'on recouvre le tout avec de la ouate ou bien un morceau de couverture de laine, puis on introduit le tiroir à la place qu'il doit occuper.

On verse une quantité d'eau chaude suffisante dans le réservoir par le tube qui est au dessus à droite, et par les tuyaux à entonnoir dans les couvoirs à plusieurs étages ; on s'assure auparavant que les cannelles soient toutes bien fermées ; on répand sur le dessus de l'appareil deux centimètres de sable fin de rivière, ce qui conservera très bien la chaleur. Ce sable sera suffisamment chauffé, et les poussins nouvellement éclos s'y trouveront parfaitement bien, surtout au moyen d'un pupitre fourré, dont je parlerai plus loin.

Le deuxième jour, si l'on s'aperçoit que le degré se fixe entre 39 et 40 centigrades, qui répondent à 32 Réaumur, alors on apprête les œufs en leur faisant subir un récurage au grès ou sablon mouillé, puis on les sèche en les essuyant avec un linge fin et blanc. Cette opération a pour but de débarrasser les coquilles des corps gras et des diverses saletés qui s'opposent trop souvent, sous les mères couveuses, à l'éclosion de leurs petits. On inscrit au crayon la date sur les coquilles, pour éviter de se tromper ; on retourne les œufs une fois le matin et une fois le soir, et cette marque au crayon sert à empêcher qu'on les place deux fois du même côté. — Il faut aussi, pendant les quatre ou cinq premiers jours, poser les œufs sur la pointe, car au bout de quatre ou cinq jours on en trouvera passablement de clairs, qu'on retirera, ce qui fera de la place aux autres.

Après le cinquième jour on les examine tous les soirs à la lumière de la chandelle, et ceux chez lesquels on ne remarquera aucun commencement de travail seront retirés, car ils occupent une place inutile ; on les mangera en omelette, ou mieux encore on les réservera pour être durcis, et servir en leur temps de première nourriture aux nouveaux nés ; il n'y a même aucun inconvénient à donner aux poulets nouvellement éclos ceux qui seraient avortés dans les coquilles ; on les leur coupe par petits morceaux avec une paire de ciseaux, et ils avalent cela avec une grande avidité. — Lorsque les œufs sont bien rangés sur les pointes, position qui permet d'en placer davantage, on met un long thermomètre dont la tige passe au travers du tiroir par un trou pratiqué à cet effet ; cette disposition permet, tout en allant et venant chez soi, de surveiller le calorique intérieur. Ce thermomètre est réglé sur celui qui est à demeure dans le tiroir aux œufs, et qui porte 40 degrés. Quant à celui dont la tige est visible au dehors du tiroir, il n'a besoin que de marquer un point unique, 40 degrés centigrades, ou 32 Réaumur. C'est ce point fixe qui est indiqué par un fil noir ciré, où doit s'arrêter le mercure ou l'esprit-de-vin.

Pour mieux conserver la chaleur, on place sur les œufs et sur le thermomètre une couverture en laine ou bien une ouate de coton, et mieux encore des plumes de poulet. On vérifie le thermomètre le matin et le soir; on retourne les œufs, et l'on a soin de verser de l'eau chaude sur la plume ou le foin, environ trois cuillerées à bouche chaque fois. On peut avoir deux éponges toujours mouillées dans l'intérieur du tiroir. Il faut aussi se hâter de retirer les œufs gâtés; on les reconnaît aisément à la mauvaise odeur et à un suintement qui ne tarde pas à se manifester. Le voisinage de ces œufs pourris contribue à faire périr les œufs voisins; il faut donc veiller scrupuleusement à la mauvaise odeur. — L'humidité que l'on doit maintenir dans les couvoirs est pour suppléer à la sueur des poules. On doit changer les œufs de place, afin de varier leur chaleur, pour que les embryons se développent plus uniformément. L'on visite le thermomètre surtout lorsque la température de l'atmosphère varie, et principalement aux approches de la naissance des poulets.

J'ai remarqué que pour réussir il ne fallait pas que la chaleur fût trop desséchante: car, l'évaporation étant trop prompte, le poussin périra vers le quinzième jour, attendu que les liqueurs s'épaississent, et que le poussin ne trouve plus sa subsistance ; ou bien, s'il éclot malgré cela, il est alors très faible, languissant et malade (1).

Le dessus de l'appareil sert à élever les jeunes poulets nouvellement éclos, et le tiroir à les faire éclore à couvert. Quand on veut mettre de nouveaux œufs auprès des anciens, il faut les échauffer pendant 24 heures ; à cet effet on les pose dans le sable chaud du dessus. Si l'on n'avait pas cette précaution, l'on ferait périr les œufs qui auraient commencé leur travail.

Il faut toujours faire choix des plus gros œufs ; les poussins qui en proviennent sont plus forts, plus beaux, plus vivaces, et mieux portants. Il faut éviter de mettre couver les œufs qui ont deux jaunes, ou bien ceux qui n'en ont pas du tout, chose qu'il sera facile de vérifier à la lumière de la chandelle. Il ne faut pas non plus que les œufs aient été ballottés, secoués, ou exposés trop longtemps à la lumière du soleil ; toutes ces causes sont nuisibles. Il y aura toujours plus de chances de réussir si l'on a des poules à soi, servies par un nombre suffisant de bons coqs.

Par économie l'on peut établir une seconde cage par dessus la première ; on la fait de même largeur, mais plus longue ; on l'établit au moyen de quatre planches clouées ayant des rainures sur

---

(1) Pour régler l'humidité, il faut se servir d'un hygromètre dont je parlerai plus tard.

le côté, afin d'ajuster des carreaux qui iront à coulisse. Le fond de cette boîte, que j'appellerai supplémentaire, sera formé d'une toile ou d'un morceau de serge cloué en dessous. La chaleur passera au travers de ce fond, et en communiquera assez pour que les poulets s'y trouvent bien. Ce procédé ne trouble en rien le travail de l'incubation.

On choisira avec soin les œufs que l'on voudra faire couver. Pour les conserver jusqu'à ce qu'on en ait réuni un nombre suffisant, on les mettra dans du son ou de la sciure de bois, en ayant grand soin de ne pas les fêler; ils seront déposés dans un endroit frais, mais sec, et peu aéré. Tout œuf fêlé est un œuf perdu.

Des œufs de quinze jours peuvent être couvés sans inconvénient; cependant il faut faire en sorte qu'ils ne passent pas trois semaines.

La pièce qui sert à faire couver doit être, autant que possible, exposée au midi; elle sera sèche et chaude; on la tiendra fermée et toujours propre, et éloignée de tout bruit.

Le printemps est la saison la plus favorable à l'incubation, parce qu'à cette époque la température est plus uniforme, et les œufs mieux fécondés. Dans l'hiver le froid oblige à une plus grande surveillance.

On place le couvoir dans une pièce tempérée, arrivant autant que possible à 16 ou 20 degrés. L'on sait que l'air est plus humide au rez-de-chaussée qu'au premier étage; les poules couvent presque toujours au rez-de-chaussée. Les fours à poulets d'Egypte, nommés ma-mals, sont creusés en terre, ce qui maintient cette humidité, qui prévient la trop grande évaporation de la substance de l'œuf. Avec un hygromètre l'on pourrait s'assurer d'avoir toujours l'humidité convenable pour les œufs de poules, mais qui ne devrait pas être de même pour les œufs de canes; aussi j'engage d'y mettre plus d'humidité pour ces derniers, pour imiter la cane quand elle revient de l'eau pour se remettre, toute mouillée, sur ses œufs.

Dans l'automne on peut aussi réussir ; mais il y a beaucoup d'œufs clairs, attendu que les poules sont en pleine mue, et que les coqs sont fatigués.

Généralement, en hiver, les poules pondent peu, et si l'on voulait les forcer à travailler, il faudrait les enfermer dans une étable, ou bien dans une pièce chauffée avec un poêle, et leur donner une nourriture abondante et échauffante, telle que sarrasin, chènevis, avoine, etc.; encore est-il à observer que celles qu'on a soumises à ce régime pendant l'hiver pondent beaucoup moins l'été suivant. On fera bien aussi de ne pas les pousser trop en nourriture, car une poule trop grasse pond moins, et fait même souvent des œufs sans coquilles, et recouverts d'une simple peau, ce qui est un grand inconvénient, car ils ne peuvent se mettre à couver.

Quand on veut avoir de bons œufs pour faire

couver, il faut les retirer du poulailler une fois par jour, afin d'éviter qu'il y ait un commencement d'incubation.

Pendant les premiers jours, et jusqu'à ce que l'appareil soit bien sec, on peut éprouver de la difficulté à obtenir le degré de chaleur convenable. Si le cas se présente, il faut diminuer la hauteur de l'eau des réservoirs en la retirant par la cannelle; la masse d'eau, étant moins grande, s'échauffera plus aisément.

Trois conditions importantes sont à observer dans l'incubation :

1° Maintenir pendant 21 à 22 jours une chaleur uniforme de 32 degrés Réaumur (40 centigrades);

2° Introduire une assez grande masse d'air dans le couvoir pour s'opposer à l'étouffement des embryons; c'est même celle qui a fait échouer tant d'amateurs jusqu'à présent;

Et 3° enfin on aura soin de fournir une humidité suffisante pour représenter la transpiration d'une poule couveuse. — Ces trois conditions réunies amèneront infailliblement un plein succès. Cependant je ferai observer ici qu'il ne faut pas se rebuter si les premières tentatives n'étaient pas aussi heureuses qu'on le désirerait, car en toutes choses il faut que l'expérience se joigne à la théorie, et le meilleur outil du monde ne marche bien que lorsqu'on sait s'en servir.

L'œuf ne commence à travailler que lorsque le jaune a atteint 38 à 40 degrés de chaleur. Le germe est en forme de lance ; il est attaché au jaune par de petits nerfs ; au bout de 24 heures d'incubation il s'agrandit, et après 60 heures, si l'on casse un œuf, on aperçoit distinctement le cœur qui commence à se former. C'est à cette époque que l'œuf devient trouble. L'embryon continue à grandir, et le septième jour il a de très gros yeux, comparativement au reste du corps.

Pour couver 50 œufs il faut ordinairement quatre poules qui cesseront de pondre pendant les vingt-et-un jours d'incubation et les deux mois qu'elles mettront à élever leurs poussins ; il y a donc compensation entre l'huile que l'on brûle et les œufs que l'on a en plus.

Quand les poulets seront éclos, on les laissera vingt-quatre heures dans le tiroir, afin de se sécher et fortifier leurs membres. La nourriture ne leur est aucunement utile pendant ces vingt-quatre heures, la nature y ayant pourvu ; il y a même des poulets qui ne mangent qu'au bout de trente. Ainsi donc, au bout des 24 heures, on leur donne le pupitre fourré qui leur tient lieu de mère, et l'on répand sur une feuille de papier quelques grains de millet jaune, puis on place un petit vase pour l'eau ; ce vase aura le gouleau assez étroit pour que les nouveaux nés ne puissent y tremper leurs pattes, ce qui pourrait leur causer des maladies pour l'avenir. Deux ou trois jours après on leur met à manger dans des augets préparés à cet effet.

Si l'humidité aux pattes est nuisible, le froid est également redoutable, car il peut occasionner la goutte; c'est pour éviter cet accident qu'on les tient de préférence sur de la laine ou du sable fin de rivière chauffé à 20 ou 25 degrés centigrades.

Dans l'hiver, pour mieux conserver la chaleur, on entourera la couveuse soit avec une couverture, soit avec des peaux de mouton, la laine en dedans.

CHAPITRE III.

DÉTAILS CURIEUX DES OPÉRATIONS D'UNE COUVÉE.

J'ai indiqué dans le chapitre précédent la manière de se servir d'un couvoir, et l'on peut être assuré d'obtenir beaucoup de poussins sans le concours des poules, si l'on continue avec persévérance la marche que j'ai suivie moi-même jusqu'à ce jour.

Avant tout il faut s'assurer si le thermomètre est bon, et le vrai moyen de vérification consiste à placer la boule du thermomètre dans la bouche pendant 6 à 8 minutes. Pour cela faire, on démonte la tige, puis on la place dans la bouche; le point où s'arrête l'esprit-de-vin ou le mercure est 37 degrés centigrades (ou 30 Réaumur). On marque ce point avec une petite lime sur la tige du verre, en appuyant légèrement de crainte de le casser (1), puis on trace un autre point à 2 lignes au dessus du premier. Pour rendre ensuite ces deux marques plus distinctes, on prend un bout

(1) Ou mieux encore avec un petit trait rouge de peinture à l'huile.

de fil noir ciré, dont on fait un tour à chaque marque; celle de dessous donne 30 degrés, et celle de dessus 33; on remonte le tube sur la planchette. On peut alors avoir toute confiance dans un instrument ainsi vérifié, car il doit servir comme thermomètre étalon.

Avant de mettre couver des œufs, il faut savoir s'ils sont frais, bons et vivifiés. Pour s'en assurer, on place l'œuf entre les deux mains, une pointe dans chacune; on regarde à la lumière de la chandelle; on apercevra au dessus du jaune un point blanc : c'est le germe. Il arrive parfois que le germe ne profite pas, ou qu'il commence à prendre vie et qu'il s'arrêtera après quelques jours d'incubation.

Ce point blanc peu allongé, que l'on nomme fœtus, consiste en une trace linéaire renflée sur les bouts, entourée d'une espèce de nuage qui lui fait comme un bourrelet. Après 36 heures d'incubation, cette tache devient plus large au centre, et prend la forme d'un fer de lance; les deux bourrelets se rapprochent, il commence à y avoir de petits linéaments, et au centre quelques globules sanguins qui un peu plus tard recouvriront tout le jaune. On remarquera, comme je l'ai déjà dit, que le fœtus nage toujours au dessus, et si l'on retourne l'œuf, il reviendra constamment dans cette position; 12 heures après, le cœur commence à se former, et l'on ne voit presque plus le point en question. On remarque que le nombre des points vertébraux s'est considérablement accru, et que les taches sanguines éparses indiquent les commencements d'une époque nouvelle dans la vie du fœtus.

Plus il y a de vide au gros bout d'un œuf, plus il est vieux, et généralement le grand vide est un signe presque certain de stérilité.

J'ai fait couver des œufs de trois semaines, et d'autres qui étaient pondus de la veille; tous sont bien éclos.

Quant aux œufs que l'on trouve à la halle ou chez des fruitières, ils ont été pour la plupart tellement bousculés par le transport dans les voitures, que le germe est en partie détruit; cependant quelques uns m'ont réussi, mais il ne faut pas y compter beaucoup. Aussi je recommanderai d'avoir une basse-cour à soi, ou d'avoir des œufs d'un fermier voisin ayant suffisamment de coqs; le succès est alors bien plus certain.

Les œufs éclosent toujours, soit qu'on les pose sur les pointes ou sur le côté; mais cependant, sur la fin de l'opération, placez de préférence le gros bout en haut: c'est là qu'est la tête de l'animal et l'endroit où lui vient l'air pour respirer; on le ferait périr si on lui plaçait la tête en bas.

Ne mettez rien de gras sous les œufs, l'air serait intercepté; et c'est pour éviter cet accident que je recommande le récurage au sablon dans le chapitre précédent.

Ne placez jamais au couvoir un œuf chaud et tout frais pondu, l'expédient ne m'a pas toujours réussi; j'ai préféré y mettre des œufs de 3 et

4 jours, et même de 10 à 15 jours et plus.

Du 5ᵉ au 6ᵉ jour de l'incubation, visitez les œufs à la chandelle, et retirez ceux qui sont restés transparents : c'est une preuve qu'ils n'ont aucun principe vital; leur présence devient alors inutile.

Du 1ᵉʳ jusqu'au 15ᵉ jour de l'incubation, les embryons peuvent résister à une chaleur plus forte que 41 degrés centigrades (ou 33 Réaumur), pourvu toutefois que cet état de choses ne se prolonge pas au delà de 6 heures consécutives. Je fais cette observation pour le froid comme pour le chaud; 6 heures en trop de l'un ou de l'autre, c'est tout ce que peut supporter le poulet, encore faut-il éviter que ces variations ne se renouvellent guère. L'uniformité de chaleur est préférable.

Vers le 16ᵉ jour, maintenez le calorique entre 33 et 40 degrés seulement, car cette époque est critique, attendu que le poussin est bien développé, et que les œufs, en se touchant, se communiquent mutuellement une chaleur qui augmente d'intensité.

Si vous n'aviez pas égard à cette observation, les poulets périraient infailliblement, et c'est aussi le moment d'augmenter l'humidité dans le couvoir.

Le commencement et la fin sont les deux époques où l'uniformité de chaleur devient indispensable.

On réussit très bien à faire éclore par le même procédé des œufs d'oie, de cane, de dinde, de perdrix, de faisans. (Tous ces volatiles mangent seuls 24 heures après leur sortie de la coquille.)

Les poulets éclosent en 21 ou 22 jours, les dindes en 27, et les canes en 28 et 30 jours.

Je ne parlerai pas des œufs de pigeons et autres, qui pourraient éclore également, mais qui, ne mangeant pas seuls, ne pourraient être élevés, et périraient, puisqu'il faudrait les abandonner, à moins de leur donner la becquée.

J'avais des poules qui étaient sans coq depuis deux mois, je leur en ai donné un ; j'ai essayé de mettre immédiatement à couver des œufs provenant de ces poules : ils restèrent clairs jusqu'au 20e jour à peu près. Ceux qui étaient sans germe se sont gardés long-temps sans se corrompre.

Quelque temps après je retirai mon coq, et les œufs continuèrent d'être bons 20 jours encore ; puis les œufs clairs recommencèrent à paraître de nouveau.

Profitez de mes essais, car je les ai faits avec soin, et dans l'intention d'approfondir mon sujet et d'éviter des pertes de temps et d'argent à ceux de mes concitoyens qui voudront marcher courageusement sur mes traces. Mes succès, du reste, ne sont dus qu'à ma persévérance et à ma ténacité. J'ai été aidé de quelques bons conseils, j'ai fureté dans bien des livres ; mais j'ai dû créer, je vous assure, bien des choses. Que ma peine au moins ne soit pas perdue pour tout le monde, qu'on obtienne de bons résultats, et je serai satisfait : j'aurai atteint mon but.

Il passe pour constant que le tonnerre fait périr

beaucoup d'œufs sous les poules; j'ai aussi quelque raison de l'attribuer à une deuxième cause: car, lorsqu'il tonne, la poule, effrayée par le bruit qu'elle entend, éprouve un mouvement fébrile; elle sue beaucoup, elle se tourmente horriblement; de là proviennent des chocs brusques et souvent répétés, qu'une oreille fine ne manque pas de saisir assez distinctement; dans ces mouvements d'agitation, elle fêle plusieurs de ses œufs, et, je l'ai déjà fait observer, tout œuf fêlé, même légèrement, est un œuf perdu.

Parfois aussi, et principalement vers la fin de l'opération, on entend le piaulement du poussin dans sa coquille même avant qu'il y ait pratiqué la moindre ouverture, ce qui prouve évidemment que l'air extérieur communique très librement avec l'air intérieur; c'est donc pour cette raison qu'on ne saurait trop surveiller la mauvaise odeur qui peut provenir, dans les couvoirs comme dans les nids, de la présence d'un œuf gâté, car à lui seul il peut empoisonner tous les autres. Ce manque de surveillance est même un reproche qu'on peut adresser souvent à quelques fermières, et des plus intelligentes; il y en a qui ont la mauvaise habitude de laisser faire une poule et de l'abandonner à son instinct, sans songer qne la nature a quelquefois besoin d'être aidée dans ses œuvres les plus admirables, et je crois que l'incubation est de ce nombre.

J'ai préféré faire couver des œufs dans un couvoir plutôt que sous les poules :

1° Par divertissement ;

2° Afin d'avoir des poulets en tout temps;

3° Parce que je suis d'avis que la nature doit être secondée, et que notre industrie doit souvent essayer de lui arracher ses présents;

4° Enfin parce que la multiplication des oiseaux domestiques est un avantage des plus importants, puisqu'il procure une quantité d'œufs bien plus considérable, et, par suite, une plus grande abondance de viande délicate pour la table.

Vers le 20 ou 21e jour le poussin, prêt à éclore, sent le besoin que l'air se renouvelle dans sa coquille, et il est prouvé que c'est principalement par le gros bout qu'il respire.

C'est aussi à cette époque que périssent beaucoup d'embryons qui ont eu beaucoup à souffrir du défaut de transpiration occasionné par des vapeurs nuisibles et méphitiques qui ont obstrué les pores de la coquille.

A l'aide des précautions que j'ai indiquées ci-dessus, j'ai réussi dans le printemps à faire éclore les deux tiers des œufs, en été la moitié, et en hiver je n'obtenais que le tiers de ceux que j'ai placés dans mes couvoirs, les œufs n'étant pas tous vivifiés en cette saison.

En général, j'ai obtenu plus que les poules, car elles n'amènent guère à bien que le tiers au plus des œufs qu'on leur confie; elles étouffent ou bien écrasent toujours bon nombre de poussins, en sorte qu'il y a désappointement complet: car, pour une couveuse qu'on mentionnera bonne, on en signalera beaucoup qui ne sont que lourdes et maladroites.

CHAPITRE IV.

DE LA NAISSANCE DES POULETS.

A voir la position (1) du poussin dans l'œuf, on ne peut s'empêcher d'admirer les ressources et les combinaisons variées que déploie la nature.

Le poussin est placé en boule dans sa coquille, le col courbé et appuyé sur le ventre, au milieu duquel la tête se trouve placée ; le bec passé sous l'aile droite et dépassant un peu du côté du dos, les pattes ramassées sous le ventre, les doigts recourbés vers le croupion et touchant presqu'à la tête par leur convexité ; sa partie antérieure tournée vers le gros bout de l'œuf, et la partie postérieure vers le petit bout.

La position du fœtus est rarement différente, et le poussin est contenu dans cette position par une forte membrane. Le vide, comme je l'ai dit, se fait constamment par le gros bout, et la tête s'y trouve placée pour faciliter le mécanisme de la respiration.

La nature, qu'on ne peut se lasser d'admirer dans toutes ses œuvres, a pris soin de placer sur le

(1) L'observation et l'expérience m'ont mis à même de pouvoir préciser la position, dans l'œuf, du poussin prêt à éclore; d'expliquer le mécanisme ingénieux de cette admirable opération de la nature, et d'indiquer la manière de venir utilement en aide aux poulets dans des moments difficiles et périlleux.

bout du bec du poussin une petite pointe fine très dure et très aiguë (ou ergot) qui lui sert à déchirer, par le frottement, d'abord la membrane intérieure, puis enfin à user la coquille ; cette pointe disparaît plus tard. Les coups de bec qu'il donne pour se délivrer sont assez forts pour être entendus très distinctement ; et la tête de l'animal, en agissant, est guidée par l'aile.

Sa tête est très grosse comparée au reste du corps ; aussi a-t-il une peine infinie à la soutenir dans les premières heures de sa naissance.

Quand il bêche, il se fait souvent un petit éclat à l'œuf, plus du côté du gros bout ; on aperçoit la membrane qu'il perce ; il piaule, et, dans cet état, il reste souvent engagé pendant plusieurs heures ; mais généralement les poulets bien venants et robustes naissent et sortent d'eux-mêmes avec assez de facilité (1). Ceux qu'on est obligé de secourir prouvent, soit faiblesse, soit défaut d'organisation.

Les uns travaillent sans relâche, d'autres prennent des temps de repos ; tous, n'étant pas également forts, ne mettent pas le même espace de

---

(1) On peut, pour les aider à sortir plus facilement, fêler le pourtour de l'œuf avec le coin ou l'anneau d'une clef (*) ; ceci se pratique la veille de l'éclosion, c'est-à-dire le vingtième jour. Il faut éviter soigneusement d'altérer en quoi que ce soit la pellicule interne et d'amener du sang, car l'animal périra en peu d'heures. Ce brisement ne pourrait se faire aux œufs couvés sous les poules, attendu qu'elles les écraseraient tous ; mais, dans le tiroir de la couveuse, il n'y a pas à redouter cet inconvénient.

(*) Je dirai plus loin de qui je tiens ce procédé.

temps pour leur sortie : les uns l'opèrent en 8 heures, les autres en 18, et d'autres enfin naissent plus de 24 heures après que la coquille a paru bêchée.

Avant de naître, le poussin doit avoir dans le corps une provision suffisante de nourriture qui le dispense d'en prendre pendant 20 et quelques heures; j'en ai vu cependant qui mangeaient 6 ou 8 heures après leur sortie, ce qui est généralement mauvais signe; cette provision consiste en une portion de jaune qui n'a pas été consommé et qui entre dans le corps de l'animal par le nombril; ceux qui naissent avant d'avoir pompé ce jaune sont languissants et meurent quelques jours après leur naissance.

Tous les poulets bien constitués naissent d'eux-mêmes; il n'y a guère que ceux qui sont chétifs et d'une mauvaise venue qui ont besoin de secours. Or, comme je l'ai dit, le plus grand nombre de ceux que l'on a tirés de leurs coquilles traînent une vie languissante et s'élèvent rarement.

CHAPITRE V.

NOURRITURE DES POULETS.

Vingt-quatre heures après la naissance des poulets, on leur donnera de la mie de pain humectée d'un peu de vin et de la mie de pain sèche avec du millet. Quand on a des œufs durs, on les pile avec de la mie de pain, en ayant soin de laisser les coquilles. Les œufs clairs ôtés le sixième jour et ceux dans lesquels les poulets sont morts serviront également de nourriture pendant les premiers jours.

Au bout de 5 à 6 jours, on leur sert le matin et vers les six heures du soir une pâtée composée de farine d'orge moulue grossièrement, c'est-à-dire seulement concassée, et d'une quantité égale de pommes de terre bouillies. On peut aussi, au lieu de farine d'orge, employer l'orge même bouillie et crevée. Si l'on fait entrer ce grain bouilli dans la pâtée, on l'écrasera bien, et on mêlera exactement, soit l'orge bouillie, soit l'orge moulue, avec des pommes de terre cuites, en humectant le tout avec de l'eau, ou mieux encore avec un peu de lait, sans cependant en mettre assez pour rendre le mélange trop liquide.

Cette pâtée est très économique et très nourrissante. Les poulets auxquels j'en ai donné s'en sont fort bien trouvés : quand ils paraissaient un peu moins avides, je réveillais leur appétit en mettant une poignée de sel de cuisine et un peu d'ail.

Il est certain que les poulets, ainsi que nous, aiment la variété des mets. On pourra donc substituer à cette pâtée qui fait le fond de leur nourriture une pâtée composée des restes de cuisine et de quelques viandes cuites de peu de valeur, comme du cœur, du foie, du mou de bœuf, etc., hachés bien menu ; le tout mêlé par parties égales avec de la farine d'orge ou de la bouillie de pommes de terre.

Il ne suffit pas d'avoir fait faire deux bons repas aux poulets ; on a soin de tenir en tout temps leurs augets garnis de quelques graines, racines, herbes, etc., tantôt cuites, tantôt crues, pour qu'ils puissent manger dans les intervalles quand ils en ont envie. Ils aiment surtout les poireaux : il faut les hacher bien menu et leur en donner de temps en temps.

La nourriture des poulets pendant le second mois doit être à peu près la même ; bien entendu que, s'il se trouvait quelques mets plus appétissants, on ne les donnerait pas à ces poulets, qui sont déjà forts et plus aisés à nourrir que les jeunes.

Il y a beaucoup de liberté sur la nature et le choix des aliments propres aux poulets ; il n'y a guère d'autres règles à prescrire sur cet objet que de préférer ceux qui, à bonté égale, coûteront le moins cher et seront plus de leur goût ; ils en ont un décidé pour les vers de terre. Si donc on pouvait s'en procurer une assez grande quantité, soit par la recherche qu'on en ferait, soit en formant des verminières artificielles, on ferait bien d'user de cette ressource, qui pourrait devenir économique (1).

Le poulet a souvent besoin de boire ; l'eau est

(1) Voici le moyen qu'on peut employer pour former une verminière. Mettez dans un ou plusieurs grands pots de terre, appelés pots à beurre, du crottin de cheval et du sang de bœuf. Au bout de quelques jours il se formera une énorme quantité de vers, que vous aurez soin d'entretenir en ajoutant de temps en temps du levain d'orge.

sa boisson ordinaire. Pour la conserver toujours pure, il faut la leur donner dans une pompe, comme cela se pratique pour les pigeons. Cette pompe n'est autre chose qu'une grosse bouteille de grès renversée et se dégorgeant dans un petit baquet, ou bien un réservoir en terre cuite.

Il faut aussi tenir les poulets très proprement, afin de les préserver de la vermine, qui les fatigue et les fait maigrir. Quand on s'aperçoit que la vermine s'empare des poulets, il faut bien battre et nettoyer les pupitres et frotter la tête de chaque animal avec de l'huile de poisson. On leur mettra aussi de la cendre dans un endroit sec et couvert, afin qu'ils puissent s'y rouler. S'ils ont la gale, on les rafraîchira en leur donnant de la salade et toutes sortes de verdures hachées.

Il faut, autant que possible, lorsqu'on entreprend plusieurs couvées, réunir les poulets du même âge ensemble, car sans cette précaution les plus forts empêcheraient les plus jeunes de manger, ceux-ci seraient battus et ne tarderaient pas à dépérir.

Quand on voit des poulets languissants et baissant l'aile, il faut s'empresser de les séparer des autres, on leur émiettera du pain qu'on fera tremper dans du vin sucré. Au besoin même, on leur soufflera, avec la bouche, du vin chaud sous les ailes; on les mettra dans un lieu chaud et sec, retiré, et loin du bruit. Ces petits soins suffisent ordinairement pour leur rendre la santé.

Si l'on avait une grande quantité de poulets à

élever, il faudrait alors multiplier les pupitres fourrés ; on les établira de manière à ce qu'il y ait deux entrées comme dans l'indication, fig. X, planch. 5 et 6. A est le plancher du pupitre ; B le dessus dudit pupitre, creusant au milieu, afin que les poussins puissent entrer d'un côté et sortir de l'autre dans le cas où ceux du milieu se trouveraient trop comprimés. Par ce moyen, on évite qu'il y ait des poulets étouffés.

M. *Réaumur* s'est beaucoup occupé d'incubation. Voici ce qu'il dit au sujet d'une mère artificielle.

La *mère artificielle* est une peau d'agneau préparée par le mégissier et étendue sur un cadre, la laine en dessous. On élève le cadre plus ou moins, selon la grandeur des poulets, au moyen de 4 petits piquets plantés en terre, auxquels on attache les 4 coins du cadre. Ce cadre est posé en pente douce comme un pupitre. La peau d'agneau retombera tout autour du cadre jusqu'à terre, mais sans y être attachée, parce que les poulets les derniers entrés, et qui sont sur le devant, cherchent à s'enfoncer, afin de trouver de la chaleur, et, poussant trop fort ceux de derrière, ceux-ci peuvent sortir de dessous la peau et ne sont pas étouffés comme ils le seraient si le bas de la peau était fixé à terre.

Chaque pied carré (ou 0 m. 32 carrés) de la mère artificielle pourra couvrir 36 poulets du premier âge.

Le châssis B, garni de peau de chat ou de lapin, le poil en dedans, ce châssis, dis-je, est à charnière au milieu; il fait la gouttière. Il n'est pas fixe, il ne repose que sur les 3 points 1, 2 et 3, afin de se soulever et toucher le dos des poulets.

J'ai reconnu que le sable de rivière, une fois échauffé, était ce qu'il y avait de mieux pour élever les poulets; ils avalent aussi quelques parcelles de ce sable, ce qui facilite leur digestion.

CHAPITRE VI.

DES MALADIES DES POULES ET POULETS.

Pépie. C'est ordinairement la chaleur, le manque d'eau et la malpropreté, qui causent cette maladie. La langue devient dure, coriace et couverte d'une espèce d'écaille; l'animal ne mange plus, et, si l'on ne vient promptement à son secours, il périra infailliblement. Cependant, quand on s'y prend à temps, le remède est facile. On place la poule entre les jambes, on l'y maintient; on lui ouvre le bec, puis on gratte légèrement la pellicule coriace, soit avec l'ongle, soit avec une aiguille. On l'arrache et on la sépare de la langue, qu'on mouille de suite dans un peu de vinaigre et d'eau, de l'huile d'olive ou bien de la salive. D'autres personnes conseillent une goutte de bon lait: c'est moins douloureux pour l'animal; mais, quoi qu'on fasse, on ne lui donnera pas à boire avant au moins un quart d'heure.

Phthisie. Elle est quelquefois curable en donnant pour toute nourriture de l'orge bouillie mêlée avec de la poirée, et pour boisson de l'eau dans laquelle on a fait infuser une poignée de cette plante. Si le mal persiste, l'animal est perdu.

Ulcères. Il arrive parfois que le corps des poules se couvre de tumeurs ulcéreuses qui les font languir. Quand ces ulcères proviennent de la mauvaise qualité de la boisson ou de la nourriture, il suffit de détruire la cause pour détruire ses effets. Cependant, pour hâter la guérison, on bassinera la malade avec du vin tiède. Mais, si la maladie a pour principe un vice intérieur, il vaut mieux sacrifier l'animal que de le voir communiquer son infirmité aux autres. C'est aussi le plus court parti, puisque la cure serait longue, difficile et très incertaine.

La mue. Cette maladie, qui est commune à tous les oiseaux, est principalement dangereuse aux poulets lorsqu'ils sont encore petits; ils sont tristes et languissants, leurs plumes sont hérissées, ils se secouent souvent comme pour les faire tomber, et cherchent quelquefois à en arracher. Les poulets qui sont nés dans la bonne saison muent pendant un temps encore chaud et souffrent bien moins de cette maladie que les poulets tardifs. Pour rendre la mue moins dangereuse, il ne faut pas les laisser sortir trop matin, surtout lorsqu'il fait froid. Pendant la mue, il faut leur donner une nourriture échauffante, telle que du millet et du chènevis.

La jeune volaille a deux maladies : l'une, lorsque la plume de la queue commence à pousser; l'autre, lorsque la crête paraît. Dans l'un et l'autre cas, la chaleur et la bonne nourriture sont indispensables.

Maladie du croupion. C'est une petite tumeur enflammée qui survient à l'extrémité du croupion. La poule qui en est affectée a le plumage hérissé et terne. Il faut attendre que la tumeur ait acquis une certaine maturité. Lorsqu'elle cède un peu sous le doigt, on la fend avec un canif qui coupe bien, on presse fortement la plaie pour en faire sortir tout le pus ; ensuite on lave avec du vinaigre chaud et de l'eau-de-vie coupée par égale quantité d'eau chaude, ce qui est préférable au vinaigre. En prenant ce soin plusieurs jours de suite, la plaie est bientôt cicatrisée. Comme cette maladie provient d'un grand échauffement, on astreindra pendant quelques jours la poule à un régime rafraichissant, en lui donnant de la laitue et de la poirée hachée mêlées avec du son, du seigle et de l'orge, le tout cuit ensemble.

Goutte. Elle provient de l'humidité du poulailler, et souvent de la négligence de la fille de basse-cour, qui laisse accumuler le fumier. Il faut assainir le poulailler, ou en donner un autre aux poules, tenir celles dont les jambes sont raides et enflées dans un endroit chaud, comme derrière un four, et envelopper leurs pattes dans de la laine.

Dévoiement. Il est ordinairement produit par

une nourriture trop rafraîchissante. On la remplacera par de l'avoine, du chènevis, du sarrasin ; mais, si le mal continuait après trois ou quatre jours, il faudrait leur donner du pain trempé dans du vin, et une pâtée composée de sarrasin, de persil, et d'orties hachées, et quelques œufs durs émiettés.

Constipation. Elle est le résultat d'une nourriture trop échauffante. Il faut donner aux poules qui en sont atteintes de la soupe faite avec du pain et du bouillon de tripes. Si ce moyen ne suffit pas, on fera une pâtée composée de laitue hachée très fin et de farine de seigle mouillée avec le même bouillon. Enfin, si l'on ne produit pas encore assez d'effet, on ajoutera, à la pâtée précédente un peu de manne, on en mêlera à la soupe de bouillon de tripes. La constipation cédera infailliblement à ce remède.

Je ne parlerai pas ici de diverses autres maladies connues sous les noms d'*abcès à la tête*, d'*inflammation des yeux*, etc., etc.

Je me bornerai à dire ici qu'une bonne partie des maladies signalées n'atteindront pas la volaille si on a soin de la tenir dans un lieu sec, chaud, aéré ; de lui donner en abondance de l'eau toujours propre, de retirer la fiente au moins une fois par semaine, de laver souvent le poulailler, et de nourrir convenablement les animaux qu'il renferme.

CHAPITRE VII.

DU CHOIX DES POULETTES A CONSERVER POUR LA REPRODUCTION.

Il faut donner la préférence à celles qui ont la taille moyenne, les yeux vifs, la tête grosse, la crête rouge et couchée sur le côté, les jambes fortes, les griffes courtes et fortes, le corsage ample et charnu ; celles qui ont les ergots haut montés ne sont pas si bonnes pondeuses que les autres ; les pattes bleues ou noires ; celles qui ont les ergots longs et cherchent à chanter, et appellent comme le coq, sont ordinairement farouches, querelleuses, pondent peu, couvent mal, et cassent ou mangent leurs œufs. La couleur des poules importe peu, quoiqu'on prétende généralement que les grises et les blanches pondent moins que les autres; mais le fait n'est pas assez certain pour le consigner ici comme une règle générale.

Les poules ne sont d'un bon rapport que pendant quatre ou cinq ans ; il faut donc les réformer quand elles ont atteint cet âge. On reconnaît les vieilles poules qui ne pondent plus à la rudesse de leur crête et de leurs pattes.

La poule est toujours plus petite que le coq ; son plumage est moins brillant et moins varié ; sa queue est dépourvue de ces plumes élégantes qui surmontent et ornent celle du coq.

Un coq pourrait aisément suffire à vingt poules. Cependant la proportion est fixée à sept ou huit, mais c'est à tort; on peut lui en donner une douzaine sans craindre pour la fécondation des œufs. — Le choix d'un coq est très important: on le recherche d'une belle taille, quoique moyenne, ayant la tête haute, le regard vif et animé, la voix forte et claire, le bec gros et court, la crête d'un beau rouge, la barbe membraneuse, aussi colorée que la crête, et d'un gros volume, les ailes fortes, le plumage noir ou d'un rouge obscur, les cuisses bien charnues, bien musculeuses, les jambes fortes, armées de longs éperons, les pattes garnies d'ongles crochus et acérés; il doit chanter souvent, gratter la terre pour en faire sortir les vers et appeler les femelles pour les leur offrir, être alerte et vif, ardent à les caresser autant qu'à les défendre, attentif à les réunir dans la journée, et à les rassembler le soir.

Le coq commence à cocher les poules à quatre mois, mais sa vigueur ne dure que trois ou quatre ans.

Les coqs de la grande espèce sont adultes plus tard et vigoureux plus long-temps. Dès qu'un coq cesse d'être dispos, il faut lui donner un successeur jeune et brave, et doué des qualités que nous avons indiquées ci-dessus. On conseille, dans le cas où l'on est indécis entre le choix de deux coqs, de les faire battre ensemble, et de donner la préférence au vainqueur.

Nous allons terminer cet ouvrage en donnant 1° divers extraits de la correspondance particulière; 2° une série de questions instructives et curieuses adressées à l'auteur par M. le comte de Chastellux, pair de France; 3° l'explication, par lettres alphabétiques, de la planche jointe au présent ouvrage; et 4° enfin la copie exacte du rapport du jury central de l'exposition pour 1844.

Divers extraits de la correspondance particulière.

M. *Hoffmeistre*, de la Croix-Blanche de Zurich (Suisse), m'a écrit qu'avec un de mes couvoirs il a désappointé plusieurs naturalistes; que, comme essai, il ne s'attendait pas à un si beau résultat. Sa première opération n'a pas été sans succès. Il dit avoir pris pour guide principal la brochure; qu'ayant maintenu la température à 38 et 40 degrés, il a commencé pendant huit jours sans mettre d'œufs afin de bien régler sa couveuse, et ensuite il a mis quinze œufs dans la couveuse. De jour il laissait l'appareil dans un cabinet isolé, et de nuit il le faisait apporter près de son lit (1). Le vingt-et-unième jour il a eu la satisfaction d'observer à travers la coquille la première petite ouverture d'un œuf, d'entendre le premier cri du poussin dans sa prison, et de le voir en sortir presque miraculeusement. « Je vous avoue (c'est lui qui parle) que j'en ai ressenti une grande joie, et je conviens que c'est à vous, Monsieur Bir, que je dois cette jouissance.

» De cette couvée dix poussins sont en vie et très

(1) C'était un petit couvoir.

bien portants ; trois sont morts, quoique prêts à éclore, parce que j'ai, par excès de curiosité, ôté le couvercle trop souvent; un œuf a été pourri, et un n'était pas vivifié par le coq.

Ce résultat m'a suffi, et je me flatte qu'une seconde opération réussira encore mieux. Parmi les dix poussins il y a un coq (qui, reconnaissant de me devoir la vie, me réveille tous les matins à cinq heures et demie par son cri naturel). Je compte les élever à part, afin de pouvoir faire mes observations jusqu'à ce que leur génération soit accomplie. Si cela vous intéresse, j'aurai l'honneur de vous faire part de mes nouvelles découvertes, et si vous en faites vous-même, vous m'obligerez infiniment en me les communiquant. »

M. *Baillergeau*, ancien notaire, et propriétaire, demeurant aux Rosiers, département de Maine-et-Loire, m'a écrit que dans le courant de l'été de 1845 il avait acquis de l'expérience en faisant fonctionner un de mes couvoirs. De plus il affirme que, lorsqu'un œuf est fécondé, il le regarde comme éclos.

Cet ex-notaire, qui me semble un homme patient et fort ingénieux, signale, dans sa correspondance, un expédient assez singulier dont il s'est avisé pour faciliter l'éclosion de ses poussins. Il dit que vers le vingtième jour il brise avec un petit marteau fort léger (dit marteau d'horloger) la coquille de ses œufs, en faisant parcourir à cette fêlure une révolution tout entière. Il a le soin cependant de ne produire aucun déchirement à la pellicule interne; il abandonne cette opération au poulet, qui sortira quand ses forces le lui permettront.

Il faut faire remarquer ici que ce brisement ne pourrait se pratiquer aux œufs couvés sous les poules, par la raison qu'elles les écraseraient tous; mais dans un couvoir il n'y a pas le même danger à redouter.

M. *Plaine*, propriétaire et employé au ministère de l'agriculture et du commerce, demeurant près le Théâtre-Français, rue Jeannisson, n° 9, à Paris, entre dans des détails minutieux et intéressants. Il s'est livré avec goût à l'incubation; je lui ai reconnu de très bonnes idées qu'il a bien voulu me communiquer; elles ont amélioré mes couveuses sur plusieurs points; il a obtenu de bons résultats à l'air libre, et je ne puis résister au plaisir de transcrire ici les passages les plus remarquables de sa correspondance.

Voici comme il entre en matière :

« J'ai remarqué (c'est lui qui parle) que l'a-
» sphyxie avait joué jusqu'à présent un grand rô-
» le dans toutes les tentations d'incubation artifi-
» cielle; c'est pour m'opposer à ce fâcheux état
» de choses que je vais essayer des couvées à *l'air*
» *libre*.

» *Première tentative*. 22 œufs mis au couvoir
» le 1er avril 1845. Le 8 j'en trouve 6 clairs, que
» je réforme, reste à 16.

» Un tué à 10 jours (par curiosité).

» Un autre tué à 12 jours (par incertitude).

» Un dernier mort à 14 jours (par accident).

» Mes 16 œufs se trouvent donc réduits à 13.

» J'ai obtenu 12 poulets, comme je vais le » prouver.

» Le 22 avril un éclot tout seul à 21 jours; » les 11 autres piaulaient, 8 étaient bêchés; 3 » avaient encore leur coquille intacte, mais on » entendait distinctement leurs piaulements.

» En arrivant de mon bureau à 4 heures, j'ai » trouvé près de 42 degrés (33 Réaumur); tout » allait bien cependant, malgré cette haute tem- » pérature; pourtant l'inquiétude s'empara de » moi, et j'abaissai à 38 centigrades (30 et demi » Réaumur). Le travail marchait; je m'en assurais » souvent, peut-être même trop souvent, car je » donnais beaucoup de froid, et je m'en préoc- » cupais d'ailleurs fort peu en voyant que ma » chambre était à 28 degrés (23 Réaumur).

» C'est au subit abaissement de la température » du couvoir, et aux fréquents examens de moi » et de mes voisins, que je convoquais à ce sur- » prenant spectacle, que je crois devoir attribuer » la mort d'un de mes poulets, qui venait si bien.

» Ce sont donc mes trop fréquentes visites qui » sont cause de cet accident; plus j'y pense, et » plus j'ai de disposition à le croire. Ce sera, » du reste, un avis pour une autre fois.

» Enfin, sans divers mécomptes, sur 16 œufs » déclarés bons, j'aurais pu obtenir 16 poulets, » et je n'en ai eu que 12.

» J'espère bien prendre ma revanche.

» Il me semble qu'à part les bévues, inévitables à celui qui étudie et veut se former la main, j'ai obtenu un bon résultat.

» *Seconde tentative*. Le 3 juin même année, placé 30 œufs au couvoir. 7 se sont trouvés clairs, et 19, sur les 23 qui restaient, me sont éclos le 24 du même mois.

» Le temps me dira si je me flatte trop, car la chose devient aujourd'hui intéressante pour moi (c'est toujours M. Plaine qui parle). Je vais tenir mon journal avec plus de soin que jamais.

» Encore une remarque fort importante : le *système à l'air libre* permet de donner sans danger, mais momentanément, jusqu'à 42 degrés centigrades (33 Réaumur). Cette température est moins redoutable, parce que la ventilation ne manque pas.

» A partir d'aujourd'hui, les résultats obtenus sont très encourageants; l'air libre produit un succès infaillible, la création du poulet va devenir pour moi et pour tout le monde une chose facile. Mais cependant une question reste encore indécise : c'est celle du bénéfice; il s'agira de savoir si la nourriture sera réellement assez économique pour offrir un avantage raisonnable. »

M. *Thierry*, ancien employé au ministère de l'intérieur, propriétaire à Belleville, près Paris, a bien voulu me communiquer, par lettres, le plan de son appareil. Ce monsieur opérait en grand, et l'élevage du poulet a été si productif entre ses mains, qu'il y a acquis une honnête aisance.

M. *L. P. de Valcourt*, ancien membre correspondant du conseil d'agriculture près le ministère de l'intérieur, me communique le plan d'un poulailler qu'il a inséré dans un ouvrage. Il dit qu'il peut être rond ou polygone de douze côtés, parce que les lignes droites sont plus aisées à bâtir que les lignes courbes.

Le centre sera occupé par un poêle s'il est grand; mais j'ajoute que, s'il est petit, le dessus du couvoir chaufferait la cage, sur lequel les poulets se jucheraient et se coucheraient.

Si c'était un poêle, on laissera tout autour un passage qui aura 1 mètre de largeur. On plantera en terre douze poteaux en bois de chêne ou d'acacia, dont on fera bien de charbonner la partie qui sera en terre. Ces poteaux supporteront dans le milieu les chevrons de la toiture. Le toit peut être en cône et couvert en paille. La paille est ce qu'il y a de meilleur marché et de plus chaud; mais, si l'on veut quelque chose de plus élégant, on peut faire une terrasse ou un dôme plus ou moins surbaissé. Plus le toit sera bas, meilleur il sera, parce qu'il maintiendra mieux la chaleur. On ménagera dans le sommet du cône une petite croisée dormante pour éclairer le poulailler. Un des carreaux pourra s'ouvrir et se fermer à volonté, afin de pouvoir donner de l'air pendant l'été.

D'un poteau à l'autre l'on met des planches pour séparer l'intérieur en onze compartiments, sans comprendre l'entrée. Ces planches n'auront que 50 centimètres de haut; le reste des cloisons sera en claies d'osier ou en filet de pêche.

Pour de petits poulets, le haut du treillage n'a pas besoin de s'élever à plus d'un mètre 50 centimètres de terre; mais il montera jusqu'au toit pour de grosses volailles.

Chaque case est fermée par une porte à claire-voie qui va d'un poteau à l'autre. On aura, à l'extrémité de chaque case, ménagé dans la muraille une ouverture de 21 centimètres de largeur sur 32 de hauteur, qui sera fermée par une porte à coulisse du haut en bas, et qui donnera dans les petites cours ou jardins, qui seront séparés par un clayonnage quelconque. On peut aussi diviser chaque jardin en deux parties par un second clayonnage ou haie vive. Comme les poulets aiment beaucoup la salade, on en sèmera dans la partie des jardins la plus éloignée du poulailler; et si on n'abandonne aux poulets qu'un seul jardin, la salade aura le temps de croître dans le second jardin. Voilà pourquoi (dit-il) j'ai divisé chaque jardin en deux parties. Comme il est essentiel que les poulets aient toujours de l'eau propre, on placera de chaque côté de l'entrée deux tonneaux ayant chacun un petit robinet, que l'on ouvrira le matin, et que l'on fermera le soir. On fera avec de la terre glaise corroyée un petit canal, qui passera dans tous les jardins. On creusera une petite mare dans les jardins destinés aux canards, aux oies et aux cygnes; de cette manière les volailles auront constamment de l'eau fraîche.

On placera dans chaque case du poulailler un pupitre, ou mère artificielle (que j'ai citée plus haut), composée d'une peau d'agneau préparée, étendue sur un cadre, la laine en dessous. On élève ce cadre plus ou moins, selon la grandeur des poulets, au moyen de quatre petits piquets plantés en terre, auxquels on attache les quatre coins du cadre. Pour les poulets du premier âge, les cadres seront élevés d'environ 8 centimètres sur le devant, et de 4 centimètres sur le derrière. La peau d'agneau retombera tout autour du cadre jusqu'à terre, mais sans y être attachée, parce que, lorsque les poulets les derniers entrés, et qui sont sur le devant, cherchent à s'enfoncer, afin de trouver plus de chaleur, et poussent trop fort ceux de derrière, ceux-ci peuvent sortir de dessous la peau, et ne sont pas étouffés, comme il le seraient si le bas de la peau était fixé à terre. On a reconnu qu'il valait mieux que les poulets restassent sur la terre bien sèche que sur la planche. On pourrait, au commencement de l'hiver, creuser l'intérieur de chaque case, pour y placer une couche de fumier chaud, que l'on recouvrirait de 6 centimètres de terre, et d'autant de sable fin de rivière, que l'on égaliserait. Cette couche maintiendrait pendant l'hiver une chaleur douce et égale.

Série de questions adressées à l'auteur par M. le comte DE CHASTELLUX, pair de France, *et réponses* DE M. BIR.

Quel degré de chaleur adopte-t-on pour conduire les couveuses?

De 39 à 41 degrés centigrades. S'il y avait un degré de plus pendant les dix premiers jours, l'incubation n'en souffrirait pas. Trois degrés de moins, dans cet espace de temps, ne seraient pas non plus préjudiciables; mais après les 10 jours en question la précision du calorique devient plus utile; toutefois, quand il y aurait irrégularité momentanée, c'est-à-dire pourvu que cette irrégularité ne dépassât pas 6 heures consécutives, il n'y aurait pas encore de danger sérieux.

Y a-t-il différentes périodes de chaleur pendant la couvée?

Oui, sur la fin, un ou deux degrés de moins (38 à 40 degrés centigrades), attendu que les poussins, étant alors fort avancés, se communiquent leur chaleur naturelle.

Les odeurs, miasmes et humidité, sont-ils nuisibles aux œufs?

Oui, si un œuf est gâté, il faut s'empresser de le retirer promptement. Il faut aussi donner de l'humidité pour remplacer la sueur de la poule.

Un œuf frais pondu, et placé chaud au couvoir, sera-t-il bon à couver?

J'ai rarement réussi à obtenir des poulets d'œufs placés chauds au couvoir. J'y place de préférence des œufs pondus de 8 à 12 jours, et même plus.

Quelle date doivent porter les œufs pour être bons?

De un à vingt jours. — On les retire une fois par jour des nichoirs, afin d'éviter qu'ils aient éprouvé un commencement d'incubation. On évitera aussi que les œufs aient été secoué sou ballottés, car le germe serait détruit.

Un œuf d'un mois sera-t-il aussi bon à faire couver qu'un nouveau?

Non ; mais s'il avait été conservé dans de la sciure de bois, et placé dans un endroit ni trop chaud ni trop humide, alors il pourrait encore éclore. Des œufs frais, sans être cependant tout nouvellement pondus, sont en général ceux qui réussissent le mieux.

Combien faut-il de temps pour s'apercevoir qu'un œuf travaille?

Plus l'œuf est frais, plus vite il entre en travail: ainsi, dans un œuf pondu depuis deux à 8 jours et mis au couvoir pendant trente-six heures, le fœtus a déjà 6 millimètres de longueur, il a pris la forme d'une lance, et après quarante-huit heures le cœur commence à fonctionner; il y a même de petites taches sanguines éparses sur la cicatricule, ce qui dénote l'existence du fœtus.

A quelle époque le poulet prend-il existence dans la coquille?

Le fœtus commence à prendre vie après trente-six heures d'incubation; mais il n'est vraiment formé que le huitième jour.

Quels sont les progrès sensibles de la croissance jour par jour?

Le premier et le deuxième jour, la cicatricule ou le germe a 6 millimètres de longueur; le troisième, on remarque les changements que le fœtus a éprouvés: les points vertébraux se sont considérablement accrus; on aperçoit une poche membraneuse qui indique la formation du cœur; le quatrième jour, le tout a grossi douze fois; le cinquième, l'œuf devient trouble, et le huitième, le poulet est formé; il y a ensuite amplification jusqu'à la fin.

A quelle époque de la couvée le poulet respire-t-il?

Après vingt-quatre heures d'incubation le germe a vie; si l'on interceptait totalement l'air, le fœtus périrait.

Quel est le liquide qui forme le poulet? est-ce le blanc ou le jaune?

Ni l'un ni l'autre à proprement parler, car les deux entretiennent le germe, qui est adhérent au jaune et grossit insensiblement; le jaune est tenu au nombril du poulet, qui se nourrit du blanc jusqu'à extinction, et quand l'animal sort de l'œuf, il a une partie du jaune dans le corps.

A quoi sert le deuxième liquide après sa formation?

A nourrir le poulet pendant les vingt-quatre premières heures.

Pendant cet espace de temps il n'a pas besoin de manger.

Comment le poulet est-il placé dans sa coquille ?

Le poussin est en boule, le col recourbé, et la tête passée sous l'aile, dépassant un peu du côté du dos ; les pattes ramenées sous le ventre, la partie postérieure vers le petit bout. Le vide se fait du côté du gros bout, et la tête s'y trouve placée pour pouvoir respirer plus librement.

Y a-t-il moyen de s'apercevoir si l'œuf est bon ou mauvais ?

Oui. S'il est trouble et si on aperçoit une tache noire adhérente à la coquille, il est mauvais. Si l'œuf est vieux, il y a beaucoup de vide au gros bout, alors il n'est pas bon. Si au contraire l'œuf est transparent, et le germe monté et nageant au dessus du jaune, ce dont on s'assure à la lumière d'une chandelle, alors il est bon.

Au bout de combien de temps voit-on si l'œuf est fécondé ou clair ?

Nota. Cette question est une répétition.

On voit de suite au travers de l'œuf, placé devant une lumière, si le germe monte au dessus du jaune. On s'en assure encore mieux au bout de 5 jours d'incubation, car le germe est formé.

Nota. La réponse est, comme la question, une répétition (1).

(1) Dans le nombre de ces questions il y a en a bien quelques unes qui sont superflues ; et d'autres qui ne sont que des répétitions de la même idée ; mais j'ai tenu à ne rien changer à l'ordre dans lequel ces questions m'ont été adressées.

Arrivé au dernier jour de la couvée, y a-t-il un moyen de reconnaître si le poulet est vivant ou mort dans la coquille ?

Oui : car, en retirant les œufs de la couveuse, le poulet mort se refroidira promptement ; mais il en sera tout différemment de celui qui est vivant, car il conservera plus long-temps sa chaleur naturelle.

Quelle est la cause de la mort des poulets avant d'éclore, et qui arrive souvent sous les poules couveuses ?

1° Le manque d'air, parce que les coquilles seront salies et les pores bouchés par des corps gras provenant de la sueur de la mère ; 2° le froid qui a trop frappé sur ceux qui se trouvent au bord du nid ; 3° le manque d'humidité qui fatigue le petit, et l'empêche de percer sa coquille. Voilà, comme on le voit, bien des causes réunies.

Le poulet avant d'éclore a-t-il consommé tout le liquide, le blanc et le jaune ?

Quand le blanc est consommé, cela oblige le poulet à sortir ; mais il lui reste du jaune dans le corps ; ce jaune, comme je l'ai dit, lui sert de nourriture pendant 24 heures.

Quand le poulet doit élcore, est-il necessaire d'aider à son éclosion ?

Quand on voit qu'il y a plus de 24 heures que le poulet a bêché et qu'il n'avance pas, il faut l'aider en cassant doucement la coquille du côté du gros bout, et prendre garde de déchirer la pellicule interne et d'amener du sang ; il faut donc agir avec beaucoup de précaution. Il y a aussi des cas où il faut se décider à attaquer cette pellicule: c'est lorsque le poussin est collé alors on lave légèrement avec de l'eau tiède, et l'on cherche à lui donner la liberté. Mais en général ces secours sont inutiles à un poulet bien venant, et ceux qu'on a secourus restent souvent maladifs.

Bêche-t-il par le gros ou par le petit bout?

Il bêche du côté du gros bout, environ au tiers de la hauteur.

Souvent son premier coup de bec fait sauter un éclat, d'autres fois la fêlure est simple ou compliquée.

La tête est-elle placée en avant ou en arrière du corps?

La tête est placée sous l'aile, et le bec en arrière.

La tête fait les fonctions d'un marteau.

Combien le poulet reste-t-il d'heures à éclore depuis sa première bêchure jusqu'à sa naissance? le temps est-il limité?

Le temps n'est pas limité pour l'éclosion; cela tient à la force de l'individu. Les uns éclosent en 4 heures, d'autres en 8, et d'autres y mettent encore plus de temps: cela dépend encore de l'épaisseur de la coquille et des obstacles à surmonter.

Lorsque le poulet est éclos, comment l'élève-t-on sans mère?

On lui procure une mère artificielle; on le maintient à la chaleur sur le couvoir, dans une cage, et sous un pupitre établi exprès, et garni d'une peau d'agneau, de chat ou de lapin. Après 24 heures, on le retire du couvoir, on garnit les augets de millet et d'eau, on répand quelques graines sur une feuille de papier : il ne tarde pas à les avaler; quelques jours après, on varie sa nourriture : on lui donne du riz, du blé de Turquie cuit avec des pommes de terre, etc. Le poulet est un animal très facile à nourrir, tout lui est bon.

Explication de la planche 5-6.

— Les mêmes lettres servent pour les deux figures.

La figure X a été expliquée plus haut.

L'appareil représenté ici, fig. 1re, est composé d'un seul tiroir; la fig. 2 en a huit; ils fonctionnent tous de la même manière (1).

A. Ouverture où se place la lampe.
B. Galerie formant cage pour élever les poulets.
C. Dessus vitré de ladite cage.
D. Réservoir d'eau chaude qui est à l'intérieur.
E. Les œufs.
F. Le tiroir où on les fait éclore.
H. Bande et trous d'air.
I. Cannelle pour vider l'eau.
K. Tube de droite pour introduire l'eau.
L. Pupitre.
M. Passage de la tige d'un long thermomètre.
N. Thermomètre.

(1) J'en établis de dix tiroirs, pouvant contenir 1,000 œufs. La largeur et la profondeur des tiroirs est toujours la même; il n'y a de différence que dans la hauteur du meuble, qui parfois peut atteindre celle d'un secrétaire, 1 mètre 40 centimètres.

Pour faire fonctionner le couvoir, on remplit le réservoir D d'eau très chaude que l'on verse dans le tube K (ou les tubes), ce qui se fait après avoir fermé exactement les cannelles I, puis on allume la lampe A (ou les lampes), on la tourne dans l'ouverture A. Ensuite on dépose dessus le réservoir la boîte plate et carrée en zinc, après l'avoir remplie d'eau. On ajoute dans le tiroir une ou deux éponges que l'on entretiendra toujours mouillées; enfin on terminera tous ces apprêts par garnir le tiroir aux œufs de 5 centimètres de foin ou de plumes sur le devant et autant sur le derrière, en diminuant d'épaisseur au centre. Il y aura au milieu deux centimètres de foin ou de plumes. On placera le thermomètre au centre dudit tiroir.

Deux jours après, lorsque la chaleur se trouvera bien réglée, entre 39 et 40 degrés centigrades, on placera les œufs après les avoir récurés avec du grès ou du sable mouillé; on les rincera ensuite dans de l'eau fraîche et propre; on les essuiera avec un linge blanc. — Cette opération a pour but de retirer les saletés et faire partir les corps gras qui existent trop souvent sur les coquilles, ce qui empêche les embryons de respirer.

Quand on range les œufs dans le tiroir, l'on peut les mettre indistinctement, soit sur les pointes, soit sur le côté; toutefois je ferai observer qu'étant posés sur les pointes, ils tiennent moins d'espace, ce qui permet d'en placer un plus grand nombre; et comme il s'en trouve passablement de clairs, qu'on est forcé de retirer, alors ceux qui restent ont suffisamment de place, car, sur la fin de l'opération, il faut, autant que possible, qu'ils soient sur le côté, ou maintenir les gros bouts en haut.

Le thermomètre N étant au centre, on l'examine toutes les fois qu'on retourne les œufs; on s'assure si le degré est bien de 39 à 40. On fait passer la tige du long thermomètre M au travers du trou du tiroir F (1); il est réglé sur celui du centre N, afin qu'en allant et venant, on puisse vérifier aisément la chaleur intérieure, sans pour cela, ouvrir trop souvent son tiroir.

Lorsque les œufs viennent d'être mis au couvoir, la température de l'appareil baisse de plusieurs degrés ; mais on n'y a pas égard jusqu'au lendemain, car le degré reviendra lorsque la masse totale sera échauffée.

Pour mieux conserver la chaleur du réservoir, on dépose sur l'appareil environ deux centimètres d'épaisseur de sable fin de rivière, et si l'on voulait absolument y mettre des œufs, ce ne serait que pour les échauffer et les préparer à entrer dans le tiroir : car, règle générale, le dessus sert particulièrement à élever les poulets et l'intérieur du tiroir à faire éclore les œufs.

On met une feuille de fort papier sur le sable ; on change ce papier tous les deux jours : les pon-

---

(1) Ce tiroir F a 55 centimètres de long, 45 de large, et 40 de hauteur.

lets s'y promènent. On répand sur ce papier, et dans les premiers jours seulement, quelques grains de millet pour que les poussins s'habituent plus aisément à manger d'eux-mêmes ; et l'on place à droite le pupitre L, garni d'une peau d'agneau, de chat ou de lapin, afin que les poussins puissent s'y coucher et se frotter le dos, ce qui remplace très bien la mère..

A l'autre bout de la cage, on place le boire et le manger dans des augets extérieurs disposés à cet effet, et aussi afin que les aliments ne s'échauffent pas. Les poussins passent la tête à travers les barreaux pour boire et manger ; par ce moyen ils ne gaspillent pas ce qu'on leur donne, et ils sont en outre tenus plus proprement.

Il est bon d'observer ici que dans le mois d'août on doit redoubler d'attention pour la gouverne du couvoir, car la température peut rapidement monter au delà de 40 degrés, et si un accident pareil se produisait 5 à 6 heures de suite, il y aurait danger imminent. Quand ce cas se présente, on y remédie facilement en tirant de l'eau chaude par la cannelle I et la remplaçant par de l'eau froide jusqu'à ce que le degré soit rétabli. L'eau chaude qu'on a tirée s'est répandue sur les œufs et sur le foin, ce qui abaissera assez vite la température.

Dans les mois froids, il peut se présenter un effet tout opposé : car, malgré que la lampe A marche à coulisse pour chercher le point convenable, il peut arriver qu'on ne puisse pas obtenir les 40 degrés voulus. Dans ce cas on a deux moyens à employer. Le premier moyen consiste à rétrécir la bande d'air en introduisant une étoffe en laine.

Le deuxième moyen, si le premier ne suffisait pas, consiste à tirer par la cannelle I une partie de l'eau du réservoir D. La masse d'eau, étant moins forte, sera plus facile à échauffer. Mais il ne faut avoir recours à ce moyen que lorsque l'autre est insuffisant, attendu que la chaleur se maintient beaucoup plus uniformément sur une grande masse d'eau que sur une plus petite. Il faut aussi, autant que possible, entretenir la température de la chambre où se trouve le couvoir de 16 à 20 degrés, et surtout éviter soigneusement les courants d'air qui pourraient occasionner des changements trop brusques et compromettre le succès de toute l'opération.

On change les mèches une fois par jour; on les enfonce dans le porte-mèches jusqu'à ce qu'elles appuient sur un petit bout de tube qui se trouve dans l'intérieur, parce que, si elles n'étaient pas assez enfoncées, elles feraient une grande flamme, elles fumeraient et charbonneraient beaucoup, ce qu'il est utile d'empêcher.

Il faut aussi se munir de bonne huile à brûler; il y a avantage 1° en ce qu'on en use moins; 2° en ce qu'elle chauffe mieux; 3° en ce que les mèches ne charbonnent pas; 4° enfin en ce que la chaleur est plus régulière.

L'appareil sera placé dans un endroit calme et

à l'abri du vent ; un hangar ne lui convient nullement.

Enfin je ne saurais trop répéter que le succès tient à trois conditions principales :

1° Uniformité de chaleur;

2° Ventilation suffisante ;

Et 3° une sorte de moiteur qui puisse remplacer la sueur de la poule.

D'ailleurs, avec de l'habitude et de l'expérience, on parvient très bien à le perfectionner et à faire fonctionner un couvoir; c'est une opération qui ne demande que du soin et de l'intelligence.

— La fig. 2 représente un couvoir pour 800 œufs formant meuble; il a 90 centimètres de long, 58 centimètres de large et 1 mètres 40 centimètres de hauteur.

— La fig. 3 est une lampe à 1, 2 et 3 becs au besoin. Elle s'élève et s'abaisse le long d'une tringle de fer pour chercher le réglage.

— La fig. 4, un pupitre garni de fourrure pour servir de mère aux poussins.

— La fig. 5, un thermomètre à longue tige non monté.

— La fig. 6, un thermomètre centigrade sur sa planchette.

Remarques supplémentaires.

1° Il y a à l'intérieur, entre les deux réservoirs, deux petites boîtes carrées, qui sont destinées à répandre de la moiteur sur les œufs et qu'on a soin de tenir toujours pleines d'eau. Pour les emplir, on mouille une éponge en tirant de l'eau chaude par la cannelle, puis on la presse fortement au dessus desdites boîtes, en ayant soin auparavant de retirer le tiroir aux œufs, afin qu'il ne tombe pas d'eau dans ce tiroir. Cette opération se fait une fois le matin et une fois le soir, qui est aussi le moment où l'on retourne les œufs.

2° Si l'on éprouvait trop de difficulté à obtenir le degré voulu de chaleur, on mettrait une plus grande épaisseur de plumes, de foin et de coton, dans le tiroir, ce qui rapprocherait les œufs du foyer de chaleur, en laissant cependant entre ceux-ci et le réservoir une distance de 4 centimètres environ.

3° La lampe se lève et s'abaisse à volonté sur un etringle de fer, pour obtenir le réglage. On n'a besoin que de la tourner sur le côté pour changer les mèches une fois par jour au moyen d'un poinçon ou d'une forte aiguille. Lorsque le changement est opéré, on tourne la lampe et on la fait passer sous le réservoir ; le service s'en fait d'ailleurs très facilement.

4° Les mèches sont carrées et calibrées avec une grande précision ; il faut qu'elles ne soient en saillie que d'une ligne et demie hors du porte-mèches : si elles dépassaient davantage, elle fumeraient et charbonneraient ; si elles étaient plus enfoncées, elles se trouveraient noyées par l'huile; il faut éviter l'un et l'autre inconvénient, et avec un peu d'habitude, d'attention et de bonne volonté, on est bientôt au fait de cette manœuvre.

Pour allumer ces mèches, on se sert d'un tube courbé formant chalumeau. On approche la flamme d'une chandelle, on souffle cette flamme sur la mèche carrée, au moyen dudit chalumeau, et la lampe est promptement allumée par ce moyen.

5° Il faut que les tuyaux des porte-mèches soient tous horizontalement placés ; si l'un était plus bas ou plus élevé que l'autre, on corrigerait ce défaut en ployant légèrement ce tube jusqu'à ce que l'on soit sûr que l'huile arrive uniformément partout. Ce dérangement de l'horizontalité des tubes peut provenir du transport ; mais, une fois corrigé, c'est pour long-temps.

6° Toutes les fois que l'on change les mèches, il faut avoir soin de souffler fortement dans le tube par où s'en va la fumée, et qui est à gauche, afin d'en faire sortir le noir de fumée qui pourrait obstruer ce tuyau. Il faut aussi toujours veiller avec soin à ce que le noir de fumée ne vienne pas à s'amonceler à l'entrée de l'entonnoir, car cette masse finirait toujours par tomber sur les mèches ; l'huile alors, venant à se mêler à ce noir, pourrait produire une flamme qui non seulement augmenterait la chaleur, mais encore pourrait dissoudre et gâter tout l'appareil. C'est pourquoi je ne saurais trop recommander de surveiller l'amoncellement de ce noir de fumée, puisqu'il peut en résulter de si graves inconvénients. Mais dès le moment que les mèches ne sont pas trop montées, elles ne fument pas et il n'y a rien à redouter.

7° J'ai été forcé par la forme de mes couveuses de mettre mes thermomètres à plat, et il en résulte parfois que l'esprit-de-vin se divise en deux parties; une portion peut monter jusqu'au haut de la tige de verre, et si elle y séjourne deux ou trois jours, elle se décolore, ce qui dérange les degrés et peut nuire à la couvée en portant la chaleur plus haut qu'il ne faudrait. Quand cet inconvénient se présente, il est facile d'y remédier : On prend le thermomètre de la main droite, et l'on donne à son bras un mouvement de moulinet assez prononcé ; alors les choses reviennent en leur place et la partie décolorée de la liqueur se mêle avec l'autre. Cependant, si le mouvement rotatif n'était pas dans les goûts et les facultés de la personne, on emploie alors un autre procédé qui est un peu plus long, mais infaillible : il consiste à attacher solidement le thermomètre au bout d'un gros fil de Bretagne de 12 à 15 pouces de longueur; on imprime au thermomètre un mouvement assez vif de rotation, comme celui d'une fronde, par exemple, et trois à quatre tours suffisent pour rétablir l'instrument, qui est aussi bon qu'auparavant.

Nota. Les thermomètres au mercure font le même effet.

8° Tous les quatre jours il faut remplir le réservoir d'eau chaude ou froide, selon le besoin, car il y a évaporation, et il faut s'y opposer : chaude quand il y a moins de chaleur, froide lorsque c'est le contraire.

9° On ne laissera jamais les fenêtres ouvertes trop long-temps; on ne fera que renouveler l'air pendant quelques minutes, et on maintiendra autant que possible la température de la chaleur entre 18 et 20 degrés centigrades.

10° On laisse les tubes débouchés pour que le calorique se répande uniformément dans l'appareil, et lorsque les poulets sont éclos, avant de les installer sous le pupitre fourré qui se trouve dans la partie supérieure *ou cage* de la couveuse, on garnit cette cage de carreaux de verre en les glissant dans des coulisses ménagées à cet effet; on en pose également un sur le dessus.

11° J'ai mis plus de becs qu'il ne fallait, mais on n'est pas obligé pour cela de les allumer tous; on ne le fait qu'à proportion des besoins ou des variations qui peuvent survenir dans la température atmosphérique.

12° Pour conserver la propreté du couvoir, on lave l'extérieur tous les huit jours, si l'on veut, avec une eau affaiblie de potasse et une éponge; ensuite on essuie avec un linge blanc et sec.

Copie du rapport du jury central d'exposition pour 1844.

CITATION FAVORABLE.

M. *Bir*, à Courbevoie (Seine).

M. Bir a mis à l'exposition un appareil à incubation artificielle chargé d'œufs et ayant fonctionné ; il y a joint une cage renfermant de petits poulets et de jeunes canards nés dans cet appareil et très bien portants. Ces objets ont vivement excité l'attention du public, et ce n'est pas sans raison, car, indépendamment de leur nouveauté aux expositions, ils représentent une industrie importante qui nous manque et dont le besoin se fait de plus en plus sentir ; quelques mots suffiront pour justifier cette manière de voir.

On sait que l'homme, pour développer toutes ses forces et pour arriver au plus haut degré d'énergie physique et morale auquel il puisse atteindre, a besoin d'aliments riches en matière animale ; on sait, d'un autre côté, qu'en France la viande de boucherie devient de plus en plus rare et augmente continuellement de prix ; on sait encore que la division des propriétés met obstacle à la production des grands bestiaux. En remarquant en outre que la multiplication des bateaux à vapeur rend partout la pêche moins productive ; que la nouvelle loi sur la chasse s'oppose à la vente journalière et régulière du gibier, et que l'exportation des œufs et le grand emploi qu'on en fait dans diverses industries en enlèvent une quantité énorme à la consommation culinaire, on reconnaît qu'il y a peu à espérer de voir augmenter par les moyens ordinaires la quantité de matières animales qui entre maintenant dans le régime alimentaire de l'homme, et l'on conçoit que les procédés de l'incubation artificielle, s'ils étaient dirigés avec le secours des connaissances scientifiques et industrielles acquises à ce sujet, et s'ils étaient pratiqués en grand comme ils le sont en Egypte et dans l'Inde, pourraient produire à eux seuls une grande amélioration dans l'alimentation de l'homme, tout en devenant la source de grands bénéfices pour la petite propriété agricole.

Le jury central, admettant la valeur de ces considérations, sachant en outre combien les procédés de l'incubation artificielle ont été perfectionnés en France, et désirant attirer l'attention du gouvernement sur cette industrie agricole, accorde à M. Bir une *citation favorable.*

Imprimerie de GUIRAUDET et JOUAUST, rue Saint-Honoré, 315.

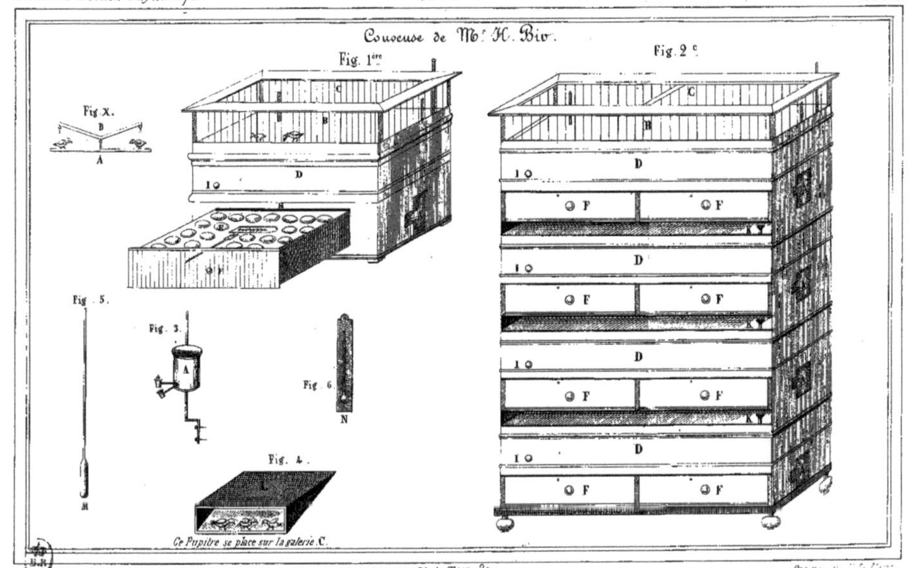
Couveuse de Mr. H. Biv.
Fig. 1ère
Fig. 2e
Fig. X.
B
A
C
B
D
I
F
Fig. 5.
M
Fig. 3.
A
Fig. 6.
N
Fig. 4.
L
Ce Pupitre se place sur la galerie C.
D
F
K

www.ingramcontent.com/pod-product-compliance
Ingram Content Group UK Ltd.
Pitfield, Milton Keynes, MK11 3LW, UK
UKHW021004180726
13838UKWH00003B/1441

9 782329 402277